U0317712

| 万物的秘密 · 自然 |

发怒的火山

〔法〕弗朗索瓦丝 · 洛朗 著

〔法〕席琳 · 马尼利耶 绘

苏迪 译

当火山轰隆作响，

当火山喷出火和烟……

难道有巫婆在黑烟中作祟？

难道残暴的巨龙在我们脚下苏醒了？

这是因为地壳受到了挤压！
原本地壳的十二个板块紧紧挨在一起，
就像拼图游戏中的拼板。

但这些板块都会移动，
它们慢慢地分开或者靠拢，
由于这些微小的运动位于地球深处，
因此你感觉不到。

地壳下面，一层厚厚的黏稠物质推动着板块，
我们叫它“地幔”。
它带动地壳慢慢移动，
就好像一条运动非常缓慢的传送带。

因为地幔很热，所以它是液态的。
越是靠近地球中心，
温度就越高。
所以地核——一个灼热的圆球，
那里的温度接近6000℃。

当两个板块相互靠近的时候，当然，这个过程总是很缓慢：
咕噜，咕噜，咕噜……咕噜，咕噜，咕噜……咕噜，咕噜，咕噜……
一个板块被挤到了另一个的下面。

它慢慢地俯冲进地幔，
在高温之下，熔化成了混杂着气体和石砾的炙热岩浆！

这些混合物不断聚积在一个岩浆房中，
直到某一天，
它们会涌入一个火山管……

轰！！
岩浆从火山口喷射出来，顺着山腰流淌。
这就是火山喷发！

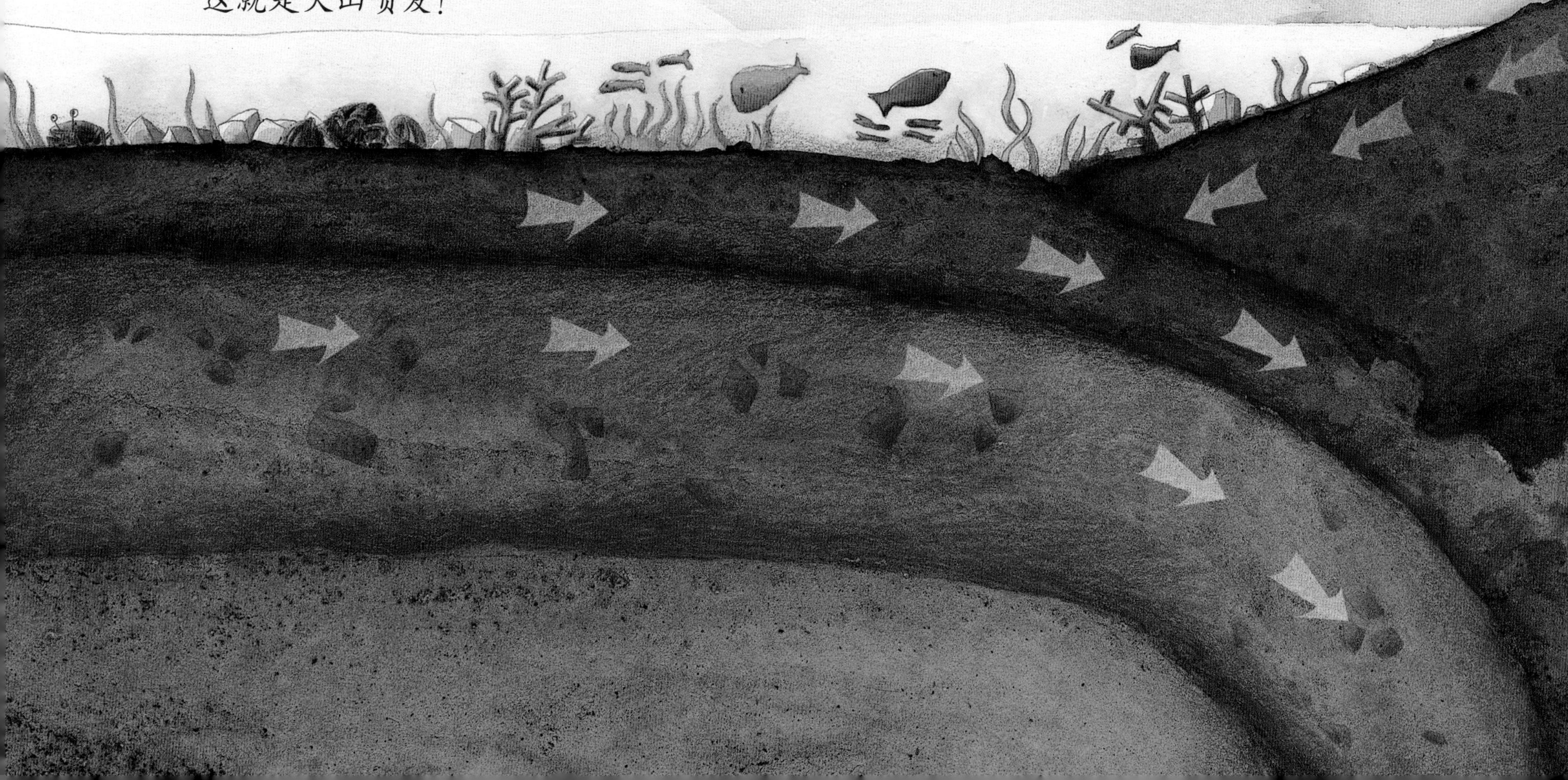

当两个板块分开又会发生什么？
它们会慢慢形成断层，地幔将上涌；
地壳遇到地幔会熔化，然后形成岩浆……
当岩浆和地幔一起到达地球表面时，又一次火山喷发！

火山的生成不止这些！
有些远离板块接缝的区域，
也会产生火山。

因为地幔中，有些区域的温度特别高，它们会成为“热点”。

这些火热的“热点”像锅炉一样，能自行熬煮出岩浆。你猜接下去会怎样？

岩浆上涌，最终火山喷发！

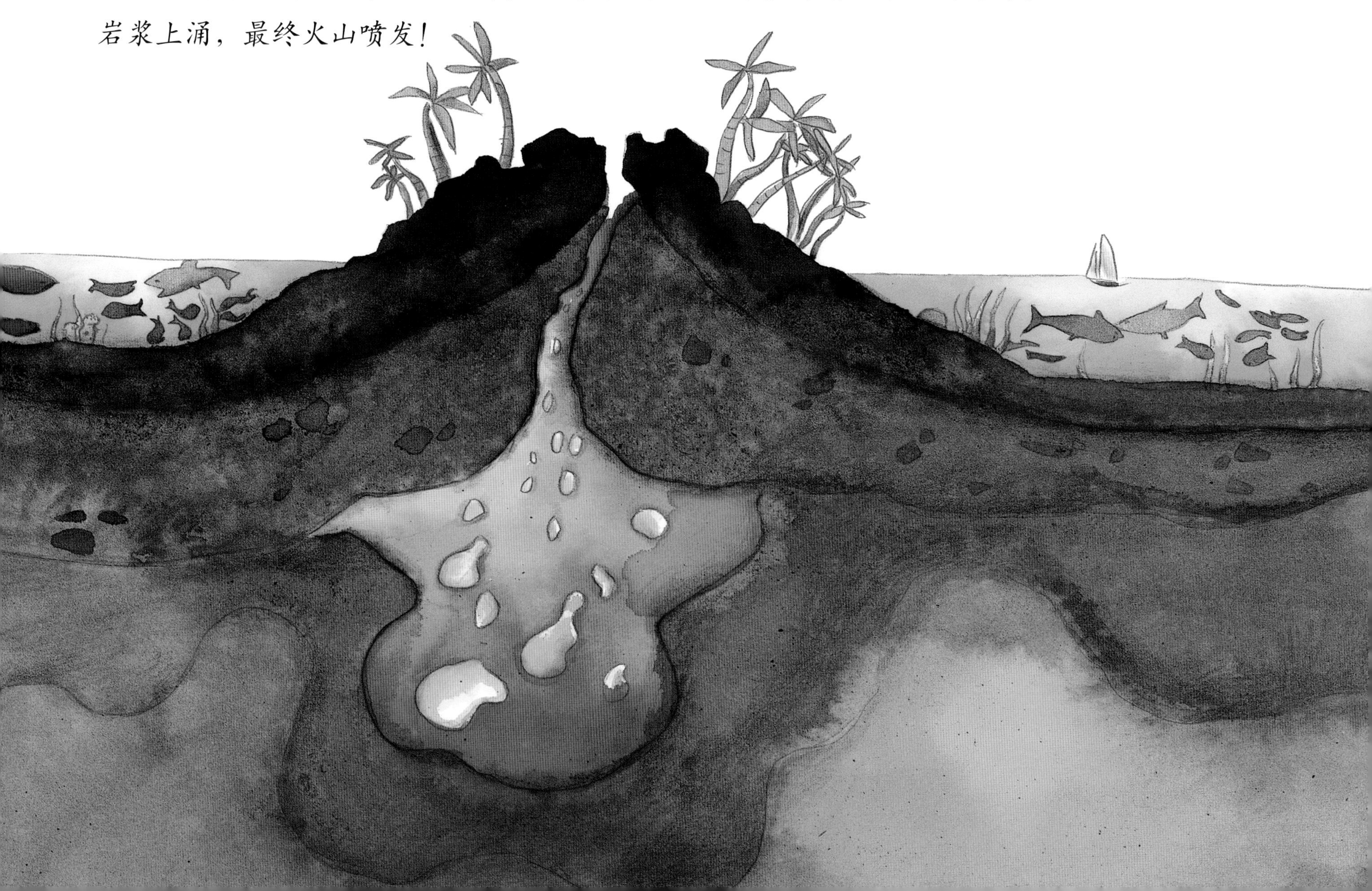

岩浆接触空气之后，逐渐冷却，形成各种火山岩：
安山岩、英安岩、流纹岩和玄武岩……
每一次火山喷发，都会沉积出新的地层。

需要多次喷发和经历数百万年，
才能形成一座巨大的火山！

你喜欢火山吗？

你长大之后，会成为一名火山学家吗？

火山学家致力于预测火山何时“苏醒”。

他们需要采集火山喷发的气体、岩石和岩浆的样本，监测地表运动，并测量火山口炙热岩浆的温度！

他们会穿戴上防火服、防护面具、防护靴和防护手套……他们的工作需要一身特殊装备。和同样穿特殊装备的喷火特技演员可不一样！

夏威夷式喷发的火山拥有巨大的火山口，它们会喷涌出岩浆：
液态岩浆像溪流、小河、瀑布那样流向四面八方……
夏威夷式喷发的火山，岩浆会缓慢而温柔地流动，
它们是友善的“好好先生”。

很多火山岛上的培雷式喷发的火山却非常暴躁。
这种火山口的“塞子”很坚硬，所以岩浆被堵住了。
它们要怎样才能出来呢？需要一场可怕的爆炸！
火山爆发时，有毒气体和大量岩石碎屑被射向空中，然后碎石纷纷坠落，
不停地砸向地面。

斯特朗博利式喷发的火山都非常巨大，有时可高达2500米！
它们时而像夏威夷式喷发的火山那样温柔地喷涌，
时而像培雷式喷发的火山那样剧烈地爆炸。

公元79年，维苏威火山持续喷发了几个小时。
庞贝城和城里的居民全部被灼热的火山灰、碎石和岩浆掩埋……
多年以后我们才把这座深埋于地底的古城重新发掘出来！

古老的奥弗涅火山群已经沉寂了很多年。

这片火山群在远古时期非常活跃，

频繁地喷发形成了柔美的山形。

这种山形被称作火山锥。

火山摧毁、消灭、焚烧、破坏一切，但我们可以利用它们。
火山喷发会提升地下的温度，这些热量能够保存很久，可以持续加热泉水和地下河，
有时还会形成喷射出地表的炙热喷泉：这就是间歇性地热喷泉。

关于如何利用这个免费的绿色能源，
许多国家的人们已经想出了很多好办法！

据统计，有上万座火山分布在地球表面和海洋深处，
但自人类存在起，其中仅有几百座火山喷发过。
火山的休眠期可以长达数十亿年。

为了描述地球的构造，我们可以把地球想象成一颗直径12756千米的巨大鸡蛋：蛋壳是地壳，蛋白是地幔，蛋黄是地核。

地壳由十二个能够移动的巨大板块构成。这些板块厚的部分成为大陆，而较薄的地方则成为海洋的底部。

地幔占据地球体积的80%。它分为上地幔（比较硬）和下地幔（更加黏稠）。莫霍洛维奇不连续面是地幔与地壳的分界面，古登堡不连续面是地幔与地核的分界面。

地核是个炙热的圆球，它由铁和镍构成。地核中的热量传入了地幔，促使地幔中的黏稠物质缓慢搅动着。这一持续运动每年推移陆地板块约3厘米（与我们指甲生长的速度相当），我们称这种现象为大陆漂移。

经过两亿年的时间，地球由最初的一整块大陆，演变成了今天的各个大洲。

在海洋的底部，两个板块之间的边界被称为海岭，其中一些地方被称为裂谷。海岭是地壳变薄并产生断裂的区域，地幔在此处涌出断层，与水接触后冷却、凝固，在海底扩张出新洋壳——这就是海底扩张学说。地壳板块的分裂和生长就在这些边界发生。

在其他地方，两块陆地或海洋板块逐渐靠拢。有时，它们叠在一起，其中一块慢慢地俯冲进了另一块下面的地幔里，熔化的面积永远和那些新生长出的面积相等；有时，在一些碰撞点，碰撞产生的压力熔化了岩石，岩浆上涌，火山生成了！这样就形成了俯冲消亡带和碰撞火山带。

火山的形成在所有碰撞带都会发生！环太平洋火山带就是一个例子。日本和安的列斯群岛的火山也属于这个类型。

火山也可能在山脉中出现，比如安第斯山脉或落基山脉。这些火山的爆发通常会喷出火山碎屑流，因为它们的岩浆非常黏稠，并且会释放出大量气体。

板块分开或者聚拢能解释大多数火山的成因，但有些火山远离板块边界。这是由于地幔中的部分地区内压过大，温度上升，使得岩浆上涌，因此形成火山。

这就是热点火山的成因。

地幔中的热点是固定的，但板块却在地幔上方缓慢移动，所以热点的每次喷发都会诞生一座新火山！最晚出生的火山总是最活跃，因为它们位于热点的正上方。位于海底的热点一旦喷发，一连串如同夏威夷群岛或马斯克林群岛的海岛就会诞生；位于陆地下的热点一旦喷发，一系列线状分布的火山就会出现，比如非洲的喀麦隆火山。热点型火山通常是喷涌型的，它们的液态岩浆会造成物资损失，但很少伤及人命。

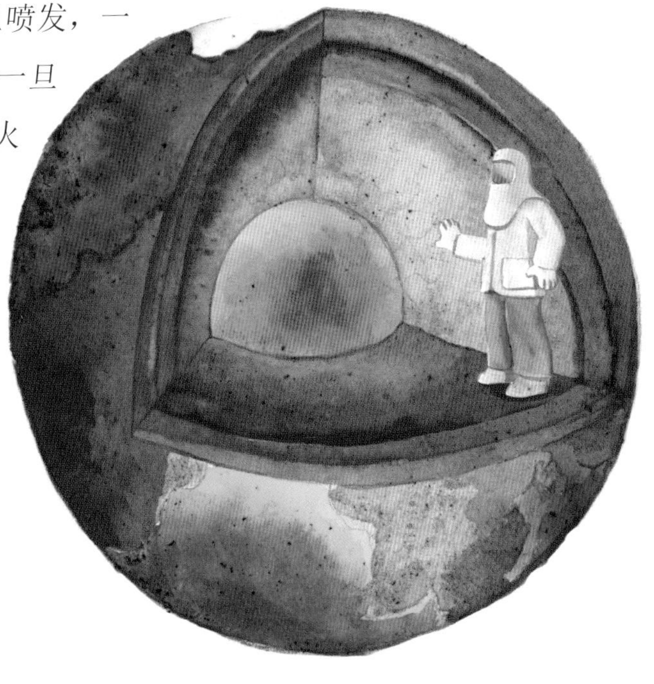

此外，热点也可能位于板块的边界区域下方。

如果这种热点型火山和俯冲带产生的岩浆同时发生，将会制造出大量岩浆和更大的海岛。冰岛、亚速尔群岛和科隆群岛就属于这种情况。

著作权合同登记：图字 01-2022-4157 号

Françoise Laurent, illustrated by Céline Manillier

Chauds les volcans!

图书在版编目 (CIP) 数据

发怒的火山 /（法）洛朗著；（法）马尼利耶绘；苏迪译. —北京：人民文学出版社，2015（2023.2重印）
（万物的秘密．自然）
ISBN 978-7-02-011249-4

Ⅰ. ①发… Ⅱ. ①洛… ②马… ③苏… Ⅲ. ①火山喷发 – 儿童读物 Ⅳ. ① P317.3-49

中国版本图书馆 CIP 数据核字（2015）第 284307 号

责任编辑：卜艳冰 杨 芹
装帧设计：高静芳

出版发行 人民文学出版社
社　　址 北京市朝内大街 166 号
邮政编码 100705
印　　制 凸版艺彩（东莞）印刷有限公司
经　　销 全国新华书店等
字　　数 3 千字
开　　本 850毫米 × 1168 毫米 1/16
印　　张 2.5
版　　次 2016 年 3 月北京第 1 版
印　　次 2023年 2 月第 4 次印刷
书　　号 978-7-02-011249-4
定　　价 35.00 元